BEI GRIN MACHT SICH IHR WISSEN BEZAHLT

- Wir veröffentlichen Ihre Hausarbeit, Bachelor- und Masterarbeit

- Ihr eigenes eBook und Buch - weltweit in allen wichtigen Shops

- Verdienen Sie an jedem Verkauf

Jetzt bei www.GRIN.com hochladen und kostenlos publizieren

Bibliografische Information der Deutschen Nationalbibliothek:

Die Deutsche Bibliothek verzeichnet diese Publikation in der Deutschen National-
bibliografie; detaillierte bibliografische Daten sind im Internet über http://dnb.d-
nb.de/ abrufbar.

Impressum:

Copyright © 2016 GRIN Verlag
Druck und Bindung: Books on Demand GmbH, Norderstedt Germany
ISBN: 9783668945234

Jan Schaefer

Kaliningrad als Problemregion Russlands?

Probleme der Exklave

GRIN Verlag

Inhaltsverzeichnis

1 Einleitung

Kaliningrad hat eine turbulente historische Entwicklung hinter sich- „mit Hitleris-
mus, Stalinismus, Krieg und Zerstörung [...]."[1] Diese belastende Vergangenheit
ist die Grundlage vieler Probleme in der heutigen Zeit. Ein zusätzlicher Faktor ist
die brisante Exklavenlage, die zu speziellen negativen Auswirkungen führt. So
wirkt die Oblast Kaliningrad wie ein Fremdkörper in der EU und durch seine hohe
Militarisierung ergibt sich ein erhöhtes Konfliktpotenzial. Zudem wirken hier die
Sanktionen des Westens besonders stark. Kritisch sind außerdem Grenzkontrollen und Visapflicht bei der Einreise sowie erhebliche wirtschaftliche und soziale
Probleme. Durch die derzeitigen Spannungen zwischen Russland und der west-
lichen Welt ist das Thema sehr aktuell und interessant. Der Einfluss der Region
zeigt sich hierzulande an der Vielzahl der Menschen mit ostpreußischen Wurzeln,
deren Verwandtschaft im Zuge des Zweiten Weltkrieges vertrieben wurde, wie
z.B. mein Großvater, der aus dem ehemaligen Königsberg fliehen musste. Somit
ergibt sich ein ganz persönlicher Bezug zu dieser Thematik. In der folgenden
Arbeit wird die Problemsituation der Region Kaliningrad erörtert unter Nennung
der Ursachen dieser Entwicklung. Außerdem soll dargestellt werden, inwiefern
Kaliningrad eine Problemregion Russlands ist und welche Auswirkungen der Exklavenstatus hat. Hierzu wird mit dem geschichtlichen Hintergrund, der Erläute-
rung der politischen Bedeutung und der Erklärung des Exklavenstatus begonnen,
um die Problemsituation besser verstehen zu können und eine Grundlage für die
folgende Erörterung zu schaffen. Anschließend erfolgt die kritische Auseinander-
setzung mit den wirtschaftlichen, politischen und sozialen Problemen Kaliningrads mit passenden Bezügen zur Exklavenlage. Dann werden die Vertreibung und Zwangseinsiedlung nach dem Zweiten Weltkrieg beschrieben, um
aufzuzeigen, welche Auswirkungen der Übergang zur russischen Exklave auf
menschlicher Ebene hat. Auch die Zerstörung des Stadtbildes wird hier einbe-
zogen, um zu verdeutlichen, wie Stalin die Stadt zu einem russischen „Symbol
des Sieges" umwandelte. Dies vermittelt dem Leser, dass keine Rücksicht auf
mögliche soziale und wirtschaftliche Probleme gelegt wurde und es somit die
Hauptursache ist, warum sich Kaliningrad

---

[1] o.A.: Kaliningrad. Russlands abgetrennter Arm zur Ostsee. In: https//blogovary.
wordpress.com/2015/05/24/kaliningrad-russlands-abgetrennter-arm-zur-Ostsee
[Abfrage 17.02.2016].

in dieser momentan schwierigen Situation befindet. Abschließend folgt das Fazit mit einem Ausblick für die Russische Föderation. Es wird deutlich, dass die gesamte Problematik nicht im Rahmen einer 15-seitigen Seminararbeit umfassend analysiert werden kann. Zudem ist die Thematik eine sehr kontroverse. Die umfassende vorzufindende Literatur zeigt Auseinandersetzungen mit diesem Thema, die mehrere hundert Seiten betragen. Hier ist vor allem viel nach dem Zusammenbruch der Sowjetunion 1990 erschienen, aus dieser Zeit wird der Großteil der Literatur für diese Arbeit verwendet. Es kommen Internetquellen hinzu, um die Aktualität zu bewahren.

2 Politisch, historische Ausgangslage

2.1 Grundlegende Informationen

Kaliningrad ist eine Exklave Russlands und gleichzeitig die westlichste Region der Russischen Föderation. Sie liegt im Norden Europas, umgeben von der Ostsee und den Nachbarländern Polen und Litauen.[2] Es besitzt eine Fläche von 15.125 km^2, was in etwa der Schleswig-Holsteins entspricht[3], auf der 963.128 Einwohner leben, von denen etwa die Hälfte in der Hauptstadt Kaliningrad leben. Nach dem Zerfall der Sowjetunion 1990 ist es seitdem Teil der Russischen Föderation und wird heute von Gouverneur Nikolai Zukanow regiert.[4]

2.2 Geschichte Kaliningrads

Die deutsche Geschichte Kaliningrads begann 1255 mit der Besiedlung des Deutschen Ordens nach seinem zweiten Kreuzzug gegen die Pruzzen. 1525 wurde der Ordensstaat aufgelöst und Kaliningrad zu westlichem Herzogtum erklärt, das schließlich 1701 zum Königreich Preußen erhoben wurde. Von 1756 bis 1763 wurde es erneut zum Kriegsschauplatz beim Siebenjährigen Krieg, der zur preußischen Niederlage und somit zur russischen Besatzung führte.[5] 1848 kam es zu einer Revolution, wodurch Ostpreußen schließlich zum Deutschen Bund aufgenommen wurde. 1871 wurde es Teil des Deutschen Reiches. Nach der deutschen Niederlage im ersten Weltkrieg kam es durch den Versailler Ver-

---

[2] Strecker, Bernd: Kaliningrader Gebiet. Geografie. In: www.kaliningrad.de/geografie/ [Abfrage: 08.02.2016].
[3] Birkenbach, Hanne-Margret: Kaliningrad eine europäische Pilotregion? Die Perspektive der Friedens- und Konfliktforschung. In: Spiegel der Forschung 1/2, November, 2006, S. 32.
[4] Aubel, Henning: Kaliningrad. In: Löchel, Christian (Hrsg.): Der neue Fischer Weltalmanach 2016. Schwerpunkt Flüchtlinge, Frankfurt am Main 2015, S. 369.
[5] Mrozek, Gisbert: Königsberg. Ordensburg, Hansestadt, Kantstadt. In: www.kaliningrad.aktuell.ru/kaliningrad/lexikon/koenigsberg/ [Abfrage: 07.02.2016].

trag zur Abtretung Westpreußens an Polen und zur Isolierung Ostpreußens.[6] Im
Zweiten Weltkrieg blieb die Stadt bis 1944 vom Krieg verschont, bis sie schließlich zum Ende des Krieges durch britische Luftschläge erheblich zerstört und
1945 von der Roten Armee belagert wurde. Kurz darauf, am 9. April 1945, kam
es zur Kapitulation und Übergabe der Stadt an die Sowjetunion, mit der auch die
sogenannte „Ostpreußische Operation"[7], eine gewaltsame Rache- und Vergel-
tungsaktion der Roten Armee, begann, die schließlich zur Vertreibung der deutschen Bevölkerung aus der Stadt führte. Somit fand die 700-jährige deutsche
Geschichte Kaliningrads und Ostpreußens ein jähes Ende.

2.3 Bedeutung für die Russische Föderation

Nach dem Sieg der Sowjetunion in Ostpreußen begann Stalin, gezielt die deutsche Vergangenheit aus dem ostpreußischen Gebiet zu verdrängen. Er rief Kaliningrad als „urslawischen Raum" und „Symbol des Sieges"[8] aus und benannte
die Stadt nach Michail Iwanowitsch Kalinin, seinem engsten Kampfgefährten.
Heutzutage wird hier, wie im gesamten Russland, jedes Jahr der Sieg im "großen Vaterländischen Krieg"[9] gefeiert, hierfür ist Kaliningrad natürlich unentbehr-
lich und so wurde zum 60-jährigen Jubiläum mit politischer Prominenz gefeiert.
Somit erfüllt Kaliningrad sicherlich immer noch Propagandazwecke[10] und besitzt
eine symbolische Bedeutung für den russischen Staat. Außerdem machte Stalin
die Region zu militärischem Sperrgebiet, hier gab es bis 1990 keinen Kontakt zu
Deutschland und so wussten viele Vertriebene nicht, was mit ihrer ehemaligen
Heimat geschehen ist.[11] Mittlerweile gilt Kaliningrad nicht mehr als Stützpunkt,
jedoch betrachten die Russen das Königsberger Gebiet als einen wichtigen mili-
tärisch, strategischen Brückenkopf im Ostsee-Raum.[12] Darüber hinaus

---

[6] vgl. Knape, Wolfgang, Korall, Wolfgang, Königsberg. Würzburg 1994, S. 72-77.

[7] Hoppe, Bert, Auf den Trümmern von Königsberg. Kaliningrad 1946-1970, Band 80, München
2000, S. 19.

[8] vgl. Brodersen, Per, Die Stadt im Westen. Wie Königsberg Kaliningrad wurde, Göttingen
2008, S. 93.

[9] vgl. o.A.: 9. Mai. Siegeszug im zweiten Weltkrieg. In: www.russlandjournal.de/russland/
feiertage/siegestage/ [Abfrage: 07.02.2016].

[10] siehe Anhang S.17.

[11] Schaefer, Hans-Joachim, Leben in bewegter Zeit. o.O., o.J., S. 67.

[12] Sakson, Andrzej: Königsberg. Kaliningrad, Krolewiec oder Karaliaucius? Betrachtungen über
eine russische Exklave. In: Kluge, Friedemann (Hrsg.): Ein schicklicher Platz? Königsberg,
Kaliningrad in der Sicht von Bewohnern und Nachbarn, Osnabrück 1994, S. 185.

besitzt Kaliningrad eine herausragende wirtschaftliche Bedeutung für Russland, da es 90 % des weltweiten Bernsteinvorkommens besitzt, weshalb es im Volksmund auch als „Bernsteinland" bezeichnet wird. Zudem hat Kaliningrad den einzigen eisfreien Hafen Russlands.[13] Aufgrund dieser speziellen Vorzüge der Region wurde sie zur „Zone freien Unternehmertums"[14] und einer Pilotregion[15] deklariert, die die Beziehungen der EU verbessern soll.

2.4 Der Exklavenstatus als Grundlage aller Probleme

Die Oblast Kaliningrad besitzt den politischen Sonderstatus als Exklave, welche ein eigenstaatliches Gebiet im fremden Staatsgebiet[16] bezeichnet. Für Kaliningrad ergeben sich hieraus noch einmal ganz besondere Probleme, da die Region von Nachbarländern umschlossen ist, die zur EU gehören. Dies zeigt sich an den Schengen-Bestimmungen, die im Juli 2003 in Kraft getreten sind. Seitdem besteht eine Visapflicht bei Einreise in die Oblast Kaliningrad.[17] Zudem befindet sich Kaliningrad in einem Umfeld, das durch Fördermittel der Europäischen Union [...] entsprechend prosperiert.[18] Dies bleibt nicht ohne Auswirkungen für die Kaliningrader Bevölkerung, so erhöht sich die Unzufriedenheit der dort lebenden Menschen zunehmend. Außerdem besteht durch die hohe Militarisierung des Kaliningrader Gebietes ein erhöhtes Konfliktpotential zwischen Russland und Europa mitten im EU-Gebiet, auch der Handel gestaltet sich, trotz des eisfreien Hafens, zunehmend schwieriger.

3   Erörterung der Problemsituation

3.1 Wirtschaftliche Probleme

Blickt man auf die wirtschaftlichen Grundvoraussetzungen Kaliningrads, zeigt sich ein erstaunlich vielversprechendes Bild: 90 % des weltweiten Bernsteinvorkommens, 1,4 Millionen Tonnen Jahresproduktion Öl[19] und der einzige eisfreie

---

[13] vgl. Müller-Herrmann, Dr. Ernst: Einleitung. In: Müller-Hermann, Dr. Ernst (Hrsg.): Königsberg/Kaliningrad unter europäischen Perspektiven. Bremen 1994, S. 13.

[14] Ebd., S. 13.

[15] Birkenbach, Dr. Hanne Magret:"Pilotregion Kaliningrad". Prozessbegleitende Präventionsforschung. In: https://www.uni-giessen.de/fb2/fb03/institute/ifp/personen//birkenbach/hmb_pk [Abfrage: 08.02.2016].

[16] Wemke, Dr. Mathias (Vorsitzender des Wissenschaftlichen Rates der Dudenredaktion): Duden. Die deutsche Rechtschreibung, Band 1, Mannheim[25] 2009, S. 417.

[17] vgl. Schroff, Gabi:Kaliningrad/Königsberg.Eine russische Exklave. In: home.arcor.de/ gabi:schroff/kaliningrad.pdf [Abfrage: 08.02.2016].

[18] Birkenbach, Spiegel der Forschung, S. 33.

[19] Müller-Hermann, Kaliningrad unter europäischen Perspektiven, S. 13.

Hafen Russlands. Aus diesen Grundlagen ergibt sich eine Arbeitslosenzahl von 31.500, was 6 % der Bevölkerung entspricht. Dies scheint auf den ersten Blick sehr solide, jedoch beträgt der durchschnittliche Lohn Kaliningrads ca. 570 Euro pro Monat[20], was doch äußerst dürftig ist. Hier zeigt sich die Diskrepanz der Kaliningrader Wirtschaft, so besitzt sie eigentlich hervorragende Voraussetzungen und auch der Fokus der russischen Regierung liegt auf der wirtschaftlichen Entwicklung Kaliningrads. Jedoch lässt sich schon jetzt festhalten, dass das Gebiet seine wirtschaftlichen Chancen nicht genutzt hat. Dieses ist vor allem den „gravierenden politischen Einschnitten Anfang der neunziger Jahre [...] zuzuschreiben, von diesen hat sich die Kaliningrader Wirtschaft bis heute nicht erholt".[21] Hier ist auch die langjährige Nutzung als militärisches Sperrgebiet und der Zerfall der Sowjetunion anzuführen. Schließlich spielt auch der schwierige Transformationsprozess in der zentralisierten Planwirtschaft zur heutigen Marktwirtschaft eine große Rolle für die derzeitige schwierige Wirtschaftssituation. Darüber hinaus wurde in dieser Zeit kaum in die Entwicklung Kaliningrads investiert, was sich an der veralteten und zerfallenen Infrastruktur zeigt. Hieraus ergibt sich schließlich eine sehr industriell geprägte Wirtschaft, die kaum an die heutige Dienstleistungsgesellschaft angepasst ist, weshalb die Kaliningrader Wirtschaft durchaus als unmodern und wenig effizient beschrieben werden kann. Das lässt sich an der regionalen Struktur belegen, so arbeiten 53,4% in der Industrie und nur 38,5 % im tertiären Sektor[22] (Zum Vergleich: In Deutschland arbeiten 68,6 % im Dienstleistungssektor).[23] Die bedeutende Industriebranche ist vor allem die Nahrungsmittelindustrie mit 41,7 % Produktionsvolumen. Die Maschinenbau- und die Papier- bzw. holzverarbeitende Industrie nehmen auch eine wichtige Rolle ein. Zusammen machen die drei Branchen etwa 70 % der produzierten Erzeugnisse in Kaliningrad aus.[24] Jedoch sind diese nicht besonders profitabel und dienen lediglich zur Versorgung der Bevölkerung. Der Handel mit dem Ausland verläuft nicht nach den Vorstellungen Russ-

---

[20] Küchmeister, Susanne: Kaliningrad/Königsberg. Daten zur Wirtschaft und Politik (2013). In: https://www.hk24.de/&international/laenderinformationen/europa/russland/ kalinbericht/1166956 [Abfrage: 11.02.2016].
[21] Mrozek, Gisbert: Bisher hat Kaliningrad seine wirtschaftlichen Chancen nicht genutzt. In: www.kaliningrad.aktuell.ru/kaliningrad/lexikon/wirtschaft/ bisher_hat_kaliningrad_seine_wirtschaftlichen_chancen_nicht_genutzt_1.html. [Abfrage: 11.02.2016].
[22] Siehe Anhang S.18.
[23] Löchel(Hrsg.), Der Neue Fischer Weltalmanach 2016, S. 97.
[24] Müller-Herrmann, Kaliningrad unter europäischen Perspektiven, S. 32.

lands. So betrug der Jahreswarenumschlag des Kaliningrader Hafens 2014 knapp 10 Millionen Tonnen. Vergleicht man diesen Wert mit dem des Hamburger Hafens, der 145,7 Millionen Tonnen[25] aufweisen konnte, zeigt sich, wie gering dieses Ergebnis ist. Dieses Beispiel macht deutlich, dass die „Exklaven-situation des Gebietes sich als tödlich erweist".[26] Die russische Regierung möchte dieser Entwicklung aktiv mit einer Sonderwirtschaftszone entgegenwirken. Diese soll besondere Anreize für Direktinvestitionen aus dem Ausland in Form von Steuer-erleichterungen schaffen, die für neuangesiedelte Unternehmen eine Befreiung der Gewinnsteuer und eine Halbierung der Vermögenssteuer für die ersten sechs Jahre beinhalten.[27] Das ist wirklich profitabel und der richtige Ansatz, um ausländische Unternehmen ansiedeln zu lassen, die die regionale Wirtschaft beflügeln können. In den folgenden Jahren zeigte sich ein zwischenzeitlicher Anstieg der Investitionen in die regionale Wirtschaft von 71,7 Milliarden Rubel und 25,1 Milliarden Rubel an gezahlten Steuern im Jahr 2012. Zudem wurden 14.500 neue Arbeitsplätze durch die Sonderwirtschaftszone geschaffen.[28] Dennoch lässt sich dieses Projekt noch lange nicht als Erfolgsgeschichte verbuchen, da bisher nur BMW, General Motors und HIPP als bedeutende westliche Unternehmen Produktionsstandorte im Kaliningrader Gebiet aufgebaut haben. Dem insgesamt positiven Trend der Sonderwirtschaftszone wurde durch die EU-Sanktionen ein vorläufiges Ende gesetzt. Auch hier spielt die Exklave, mitten in der EU, eine unglückliche Rolle und so treffen die Sanktionen Kaliningrad mit voller Wucht. Die Region ist stark von Lebensmittelimporten aus der EU abhängig, die nun deutlich eingeschränkter sind. Schließlich schossen die Preise für z.B. Erdbeeren in die Höhe und waren zwischenzeitlich doppelt so hoch wie in den russischen Anbaugebieten. Hieraus ergab sich ein regelrechter Ladensturm und viele Kaliningrader fuhren zum Einkaufen für den täglichen Bedarf über die Grenze nach Polen.[29] Die ausländischen Direktinves-

titionen gingen auf 41,4 % zurück, gleichzeitig stiegen die Schulden um 11% in

---

[25] o.A.,Russlands abgetrennter Arm zur Ostsee, www.blogovary.wordpress.com
  [Abfrage: 11.02.2016].
[26] Ebd. [Abfrage: 11.02.2016].
[27] o.A.: Wirtschaftsförderung Kaliningrader Gebiet.In: http://kgd-rdc.ru/de/corporation/
  [Abfrage:11.02.2016].
[28] Ebd. [Abfrage: 11.02.2016]
[29] vgl. Doll, Nikolaus, Steiner, Eduard: Kaliningrad. Hier treffen die Sanktionen die Russen
  mit Wucht. In: www.welt.de/wirtschaft/article 143375422/Hier-treffen-die-Sanktionen-die-
  Russen-mit-Wucht.html. [Abfrage: 11.02.2016].

der Region im Jahr 2014.[30] Positiv hingegen erscheint der Tourismus, der seit Öffnung der Grenzen für die Heimwehtouristen eine zunehmend wichtigere Rolle eingenommen hat und auch im Hinblick auf die Fußball-Weltmeisterschaft 2018 (Kaliningrad als Spielort) noch einmal einen Aufschwung erleben müsste. Durch die erhöhte Aufmerksamkeit für das Gebiet aus dem Ausland sollte auch die gesamte Wirtschaft Kaliningrads profitieren.

3.2 Politische Probleme

Kaliningrad besitzt aufgrund seiner Lage eine enorme politische Bedeutung für Russland. Das Gebiet ist gewissermaßen „ein Seismograph [...] für die Beziehungen zwischen Russland und dem Westen"[31] und soll die Aufgaben als Pilotregion erfüllen, die die Beziehungen zum Westen verbessern soll. Blickt man auf die derzeitigen politischen Verhältnisse in der „Pilotregion", so stellt man fest, dass diese Region der Aufgabe zurzeit nicht gewachsen scheint. Kaliningrad besitzt einige innerpolitische Probleme, so hat das Militär weiterhin großen Einfluss und die zentralistische, russische Regierung bietet wenig politische Mitbestimmung in Kaliningrad.[32] Zudem gibt es bewiesene Korruption im Zoll- und Ausländeramt.[33] Hier wird deutlich, dass die Region schon auf innenpolitischer Basis die Aufgaben nicht bewältigen kann. Auch von russischer Regierungsseite aus ist, trotz der Vorgabe als Politregion, keine klare Kaliningrader Politik zu erkennen, denn diese wird von „Widersprüchen [...] zwischen europäischer Orientierung und Isolation"[34] dominiert. Im Hinblick auf die derzeitigen Spannungen zwischen Russland und dem Westen scheint Kaliningrad so isoliert wie nie zuvor. Das Verhältnis Russlands und gleichzeitig auch Kaliningrads ist angespannt und insgesamt wird die russische Exklave nur noch als „Störfak-tor"[35] statt als Vermittlungspunkt aus europäischer Sicht betrachtet. Es ist keine gemeinsame Politik vorhanden, als Beispiel ist hier das Schengen-Abkommen

---

[30] Ebd. [Abfrage: 11.02.2016].
[31] Müller-Herrmann, Kaliningrad unter europäischen Perspektiven, S. 7.
[32] vgl. Mrozek, Gisbert: Kaliningrad ist eine Insel, deren Kurs Moskau bestimmt.
In: www.kaliningrad.aktuell.ru./kaliningrad/lexikon/politik/ [Abfrage: 12.02.2016].
[33] vgl. Mrozek, Gisbert: Kaliningrad. Korruption bei Zoll und Ausländeramt.
In: www.aktuell.ru/russland/news/Kaliningrad_bei_zoll_und_auslaenderamt_32603.html.
[Abfrage: 12.02.2016].
[34] Birkenbach, Spiegel der Forschung, S. 33.
[35] Ebd., S.35.

zu nennen. Mitten in der EU, bzw. dem Schengen-Raum, sind Grenzkontrollen bei der Einreise in das Kaliningrader Gebiet Pflicht. Dies ist sehr hinderlich für die Kaliningrader Bevölkerung und die Isolation wird dadurch verstärkt. Außerdem besteht seit 1993 eine Visapflicht, die mit den baltischen Staaten vereinbart wurde. [36] Anmerken muss man hierbei, dass von russischer Seite 1999 die Initiative ergriffen wurde für eine gemeinsame Kooperation, in Form von Arbeitsgruppen und einer Pilotregion, die schließlich zur gemeinsamen Lösung der Probleme führen sollte.[37] Die EU ging hierauf nicht sonderlich ein, sie verfolgte eher andere Prioritäten in der Russlandpolitik wie „militärgestütztes Krisenmanagement" und die „Integration der Beitrittsländer"[38] aus der Osterweiterung. Kaliningrad wird weiterhin als Unruhepol betrachtet, von dem eine militärische Gefahr ausgeht. Somit werden kaum politische Beziehungen zur Ostsee-Exklave aufgebaut, was zu einer weiteren Abgrenzung des Gebietes führt. Vor dieser warnt Yuli Kuzinskij, ein ehemaliger sowjetischer Botschafter. Er ist der Meinung, dass die Politik „nur polarisieren, trennen und alte Wunden aufreißen" würde und letztendlich „ein Holzweg für Europa" wäre, der den europäischen Kontinent lahmlegen würde.[39] Aufgrund derartiger Aussagen zeigt sich die politische Brisanz und das Konfliktpotenzial Kaliningrads. Nach dem Zerfall der Sowjetunion wurden die neuen baltischen Republiken Estland, Lettland und Litauen unabhängig und versuchten, sich von der russischen Abhängigkeit zu befreien[40], indem sie sich dem Westen zuwandten. Sie haben sich demokratisiert und gehören der EU an, weshalb die politische Zusammenarbeit mit Russland heutzutage nur noch als „destabilisierender Faktor"[41] angesehen wird.

3.3 Soziale Probleme

Zurzeit leben ca. 82% ethnische Russen[42] im Gebiet, von denen aber nur etwa 50 % im Kaliningrader Gebiet geboren sind. Dadurch kann es auch keine Be-

---

[36] Kluge, Ein schicklicher Platz?, S. 163.
[37] vgl. Birkenbach, Spiegel der Forschung, S. 34.
[38] Ebd., S. 35.
[39] Müller-Herrmann, Kaliningrad unter europäischen Perspektiven, S. 53.
[40] Ebd., S.9.
[41] Kluge, Ein schicklicher Platz?, S. 185.
[42] Ramm, Dr. Bernd: Kaliningrader Gebiet. Bevölkerung und Städte. In: www.goruma.de/
Laender/Europa/KaliningraderGebiet/Bevoelkerung/ [Abfrage:13.02.2016].

völkerung mit langen Familientraditionen geben, die sich dementsprechend mit der Region identifiziert. Weitere bedeutende Bevölkerungsgruppen sind die Weißrussen und Ukrainer mit jeweils 5 %.[43] Die durchschnittlichen Monatslöhne liegen bei 570 Euro[44] und damit rund 88% unter dem Durchschnitt Russlands.[45] Somit werden bald „fast zwei Drittel der Menschen im Kaliningrader Gebiet [...] unterhalb der Armutsgrenze leben."[46] Das BIP pro Kopf betrug im Jahr 2013 6.034 Euro und lag damit deutlich unter dem EU-Durchschnitt mit 25.700 Euro. Damit wäre Kaliningrad auf dem vorletzten Platz und liegt nur noch vor Bulgarien. Selbst der kleine baltische Nachbar Litauen steht mit 11.700 Euro fast doppelt so gut da.[47] Hier zeigt sich ein deutliches Wohlstandsgefälle zwischen der EU und Kaliningrad, welches nicht ohne Wirkung auf die Bevölkerung Kaliningrads bleibt und so steigt die Unzufriedenheit mit der russischen Politik, von der sich viele sozial benachteiligt fühlen. Trotz dieser geringen Einkommen liegen die Preise deutlich über dem Kerngebiet in Russland.[48] Hierdurch ergibt sich ein Einkaufstourismus an der Grenze zu Polen, der von den Kaliningradern für den Einkauf des Tagesbedarfs benötigt wird. Gleichzeitig sind Alkohol und Zigaretten in Kaliningrader Duty-Free-Shops deutlich billiger, welche dann in den erlaubten Höchstmengen über die Grenze transportiert und dort gewinnbringend an die Polen verkauft werden. Am profitabelsten ist jedoch das Geschäft mit Benzin, das durch teilweise korrupte Beamte belebt wird.[49] Diese Aktivitäten gelten als illegal, haben sich jedoch in Kaliningrad zu einer neuen Berufsbetätigung entwickelt, was schließlich zeigt, wie beunruhigend die soziale Situation dort ist. Insgesamt haben sich die Grenzübertritte nach Polen seit 2011 fast verdreifacht, sie liegen jetzt bei knapp sechs Millionen und das bei einer Einwohnerzahl von unter einer Million.[50] Hier bietet die Exklavenlage

---

[43] Ebd. [Abfrage: 13.02.2016].

[44] Küchmeister, Daten zur Wirtschaft und Politik (2013), www.hk24.de [Abfrage: 13.02.2016].

[45] Müller-Hermann, Kaliningrad unter europäischen Perspektiven, S. 73.

[46] Bednarz, Klaus, Fernes nahes Land. Begegnungen in Ostpreußen, Hamburg[5] 1995, S. 232.

[47] Schwandt, Dr. Friedrich: Europäische Union. Bruttoinlandsprodukt (BIP) pro-Kopf in den Mitgliedstaaten in jeweiligen Preisen im Jahr 2013. In: de.statista.com/statistik/daten/studie/ 188766/umfrage/bruttoinlandsprodukt-bip-pro-kopf-in-den-eu-laendern/ [Abfrage: 13.02.2016].

[48] Müller-Herrmann, Kaliningrad unter europäischen Perspektiven, S. 73.

[49] vgl. Mijnssen, Ivo: Kaliningrad. Kühle Nachbarschaft im Baltikum. In: www.nzz.ch/ international/europa/zwischen-depeche-mode-und-nordkorea-1.18449728 [Abfrage: 13.02.2016].

[50] Ebd. [Abfrage: 13.02.2016].

ausnahmsweise Vorteile für Menschen in Kaliningrad. Trotzdem ist die Region zu schlecht angebunden. So würde eine Zugfahrt von Berlin aus über 37 Stunden dauern[51], was unzumutbare Zustände sind. Aufgrund dessen bleibt der Grenzverkehr mit Litauen, dem nächstgelegenen Transitland für Reisende, mit 2,5 Millionen Übertritten im Jahr gering.[52] Schlussendlich bedeutet es, dass Kaliningrader deutlich weniger verreisen können. Dadurch wird der Eindruck bestätigt, dass sie wie eingesperrt in diesem kleinen Territorium sind. Außerdem besitzt die Region soziale Probleme, die sich nicht unmittelbar mit der Exklavenlage in Verbindung bringen lassen. So zeigen sich in Kaliningrad verstärkt Konflikte zwischen Muslimen und der orthodoxen Mehrheit. Hier leben etwa 100.000 Menschen, die dem Islam angehören, was etwa 10 % der Gesamtbevölkerung entspricht. Trotzdem ist in Kaliningrad keine Moschee zu finden und deshalb kam es 2011 zu einem geplanten Bau eines Gotteshauses.[53] Dieser wurde jedoch nach großen Protesten abgebrochen, was veranschaulicht, wie angespannt das Verhältnis zu den Muslimen ist. Zudem hat die Region große Probleme mit dem HI-Virus. Kaliningrad gilt als erste Stadt Russlands, in der dieser Erreger registriert wurde und 2004 waren zwischenzeitlich 4594 Menschen an AIDS erkrankt. Auch deshalb bezeichnet man Kaliningrad als russische „AIDS-Hauptstadt".[54] Diese kritische Lage geht mit einer zunehmenden Unzufriedenheit der Bevölkerung einher. Aus diesem Grund kam es 2012 nach zahlreichen Protesten zu einer Rücktrittswelle von Ministern im Kaliningrader Gebiet. Die Region wurde vom „Petersburger Fond" in einem Rating zur Situation der russischen Verwaltungsbezirke mit 5,9 Punkten eingestuft und so gilt laut der Einschätzung in Kaliningrad ein „sozial-politisch-instabiles Klima".[55]

---

[51] o.A., Russlands abgetrennter Arm zur Ostsee, www.blogovary.wordpress.com [Abfrage: 13.02.2016].
[52] Mijnssen, Kühle Nachbarschaft im Baltikum, www.nzz.ch [Abfrage: 13.02.2016].
[53] vgl. Leister, Judith: Stadt in Bernstein. In: wwwnzz.ch/feuilleton/stadft-in-bernstein-1.1863213 [Abfrage: 18.02.2016].
[54] Mrozek, Gisbert: Kein Verständnis für HIV und AIDS. In: www.kaliningrad.aktuell.ru/ kaliningrad/im_gebiet_/kein_verstaendnis_fuer_hiv_und_aids_13.html [Abfrage: 18.02.2016].
[55] o.A.: Kaliningrad erstmals mit schwachem sozial-politischen Klima. In: kaliningrad-domizil.ru/portal/information/politik-und-gesellschaft/ Kaliningrad- erstmals-region-mit-schwachem-sozialen-Klima [Abfrage: 18.02.2016].

4. Historische Problemursachen

4.1 Vertreibung der Deutschen

Während der Potsdamer Verhandlungen beanspruchte Russland das ostpreußische Gebiet. Stalin behauptete in den Verhandlungen, dass in dem Gebiet nur
noch wenige Deutsche lebten. Somit wurde das Schicksal der deutschen Bevölkerung nicht mehr dem Alliierten Kontrollrat unterstellt, sondern direkt der sowje-
tischen Regierung. Informationen zu den Deportationen konnte Stalin nun ohne
weitere Informationen an die Alliierten selbst durchführen.[56] In den Jahren
1946/47 wurden die letzten Deutschen in Richtung sowjetisch besetzter Zone
deportiert. Durch die verheerenden Kämpfe in den letzten Kriegstagen flohen tau-
sende Bewohner Ostpreußens unter Einsatz ihres Lebens nach Westen, um sich
vor dem Vormarsch der russischen Armee zu retten. Die deutsche Armee zog
sich zurück und die russische Armee besetzte Ostpreußen. Der Winter 1945 war
extrem kalt und so flohen viele über die zugefrorene Ostsee oder mit den wenigen
zur Verfügung stehenden Schiffen. Viele starben durch Erschöpfung, Erfrierun-
gen oder verhungerten. Nach dem Krieg wurden am 26.04.1945 im ostpreußischen Gebiet noch 23.247 Deutsche registriert, dazu kamen ca, 40.000 Deutsche, die nicht registriert waren.[57] Die meisten von ihnen lebten in Königsberg,
der Rest war auf die weiteren Kreise verstreut. Auf Anweisung von Stalin wurden
alle deutschen Bewohner in den Jahren 1947 und 1948 in drei Etappen aus dem
Gebiet deportiert und in die sowjetische Besatzungszone Deutschlands ge-
schickt. In den ersten Jahren nach Kriegsende wurden die Deutschen noch ge-
braucht, um das Leben aufrechtzuhalten, z.B. um auf das Wissen in der Landwirtschaft und der Industrie zurückgreifen zu können. Dann sollten aber alle
Einwohner aus dem Gebiet vertrieben werden, damit diese Gegend nun endgül-
tig als neuer Teil Russlands aufgebaut werden konnte.

4.2 Zwangseinsiedlung der Russen

Nun musste Ostpreußen wieder bevölkert werden. Die ersten russischen Bewohner waren Soldaten, die in dem Gebiet gekämpft hatten und die nach Kriegsende
dort blieben. Die weitere Bevölkerung wurde im gesamten russi-

---

[56] Wladimirowitsch Kostjaschow, Juri: Die Deutschen. In: Matthes Eckhard (Hrsg.):
Als Russe in Ostpreußen. Sowjetische Umsiedler über ihren Neubeginn in Königsberg/
Kaliningrad nach 1945, Ostfildern 1999, S. 306.
[57] Ebd., S. 311.

schen Gebiet durch Anwerber mit Geldzusagen, Arbeit, Nahrung und Steuerbefreiungen nach Ostpreußen gelockt. Die Anwerber kamen aus russischen Behörden, es gab aber auch freie Anwerber, denen man eine Vorgabe zu den Bewerberzahlen machte. Dennoch wurden zahlreiche Kriterien wie Gesundheit, Familienstand und Arbeitsfähigkeit geprüft, bevor einer Umsiedlung stattgegeben wurde.[58] Die Neusiedler waren zum großen Teil aus dem russischen Gebiet, Weißrussland und der Ukraine, „die ohne irgendwelche kulturell-politischen Bezüge zu diesem Land"[59] kamen. Ihre Motivation lag häufig in der Aussicht auf einen Neuanfang und den zugesagten Vergünstigungen. Eine Vorbereitung auf die Situation in Ostpreußen erfolgte nicht. Sie mussten sich verpflichten, für mindestens 3 Jahre dort zu bleiben, ansonsten wurden die gegebenen Startpräsente wieder zurückgefordert. In den Jahren bis 1950 kamen so. ca. 186.000 Personen.[60] Sie fanden ein z.T. völlig zerstörtes Land, das durch einsturzgefährdete Gebäude und Munition oder Minen zunächst lebensgefährlich war. Das Aussehen der Gebäude, Straßen und der Landwirtschaft war für sie völlig fremd und hatte für sie nichts mit Russland zu tun. Viele wollten auch hier nicht sesshaft bleiben und sind nach kurzer Zeit wieder zurück in ihre Heimat gekehrt. In manchen Jahren sind 1/3 der Zuwanderer wieder zurückgegangen.[61] Es musste eine neue Verwaltung aufgebaut werden, Städte und Straßen mussten umbenannt werden und die Infrastruktur neu aufgebaut werden.

4.3 Zerstörung des Stadtbildes

Höchste Priorität hatte für Josef Stalin, die deutsche Geschichte aus der Stadt zu verdrängen. Die Stadt sollte von allen Symbolen des verhassten preußischen Systems bereinigt werden. So wurde das alte Schloss, das früher ein wichtiges Wahrzeichen der Stadt war, zerstört. Zudem wurden alle Straßen und Plätze umbenannt. Diese heißen nun z.B. „Platz des Sieges", „Lenin-Prospekt" und „Kalinin-Platz"[62], was den Anspruch der Stadt als „Symbol des Sieges" zeigt. Auch wurde Bevölkerung eingesiedelt, die zu 90% aus überlebenden Opfern des zweiten Weltkrieges bestand, deren Dörfer und Städte durch

---

[58] vgl. Matthes, Als Russe in Ostpreußen, S. 44.
[59] Gilmanov, Wladimir, Königsberg-Kaliningrad. Erinnerungen und Erkundungen, Witten 1993, S. 9.
[60] vgl. Matthes, Als Russe in Ostpreußen, S. 388.
[61] Ebd., S. 155.
[62] Hoppe; Auf den Trümmern von Königsberg, S. 68.

deutsche Soldaten zerstört waren. Dementsprechend zeigten sie ihren Hass gegenüber der deutschen Kultur auch in der Ablehnung der „unschuldigen historischen Denkmäler".[63] Die Stadt sollte nun nach russischem Vorbild mit breiten Straßen und großen Paradeplätzen neu aufgebaut werden. Aus Geldmangel wurden viele Projekte aber nicht durchgeführt, so dass heute noch viele Ruinen in Kaliningrad zu finden sind. Insgesamt wird vom russischen Staat zu wenig in die Infrastruktur investiert, was verheerende Auswirkungen auf die Wirtschaft Kaliningrads hat. Nachdem die Stadt 1990 wieder von ehemaligen preußischen Einwohnern besucht werden durfte, zeigten sich viele erschrocken von dem Bild, das sich ihnen bot. Mein Großvater Hans-Joachim Schaefer beschreibt seine Erschütterung, nachdem er die Stadt 1994 erstmalig wieder besuchte, in seiner Lebensaufzeichnung. So war sein ehemaliger Schulweg voller meterhoher Büsche und komplett versteppt. Es wirkte insgesamt sehr ungepflegt in der Stadt und so prägte sich für ihn der Anblick von 30 völlig vergammelten Fischdampfern ein.[64] „Es war zwar der Trümmerschutt weggeräumt, doch ansonsten sah es dort aus wie 1946".[65] Sicherlich spielen hier auch negative Erlebnisse der Vertreibung in seine Bewertung hinein, jedoch ist es richtig, dass die Stadt nach russischer Übernahme unliebsam und respektlos behandelt wurde und sich heute dementsprechend ein ungepflegter Eindruck ergibt. Die Stadt steht heute im „ [Widerspruch] zu dem für Russland charakteristischem Bild von der unendlichen Weite des Raumes".[66] Das Stadtbild besteht aus einer großen Zahl von Plattenbauten, insgesamt ist die Stadt relativ dicht besiedelt und unterscheidet sich damit vom restlichen Teil der Oblast, der stark zersiedelt und versteppt ist. Der Stadt wurden nach Zerstörung der historischen preußischen Denkmälern keine neuen Identifikationspunkte und Wahrzeichen gegeben. Ausgerechnet das Haus der Sowjets, „eine 1970 errichtete, aber nie fertiggestellte Bauruine, von deren Dach aus die gesamte Stadt überblickt werden kann"[67],ist die neue Touristenattraktion. Kaliningrad wurde von Lew Kopelew, einem bedeutenden russischen Germanisten, einmal prägnant als „Stadt ohne Vergangenheit und Seele bezeichnet"[68], dieses verdeutlicht das heutige

---

[63] Gilmanov, Königsberg-Kaliningrad, S. 9.
[64] vgl. Schaefer, Leben in bewegter Zeit, S. 67.
[65] Ebd.
[66] vgl. Ebd.
[67] o.A., Russlands abgetrennter Arm zur Ostsee, www.blogovary.wordpress.com [Abfrage: 15.02.2016].
[68] Gilmanov, Königsberg-Kaliningrad, S.7.

Aussehen der Stadt am besten. Der neuangesiedelten Bevölkerung wurde keine Chance auf ein besseres Leben in neuer Umgebung gegeben. Insgesamt zeigt sich, dass Kaliningrad nur als Spielball machtpolitischer Demonstration diente.

5 Fazit: Die Russische Föderation ist gefordert

In Kaliningrad hat für die Russische Föderation eine beunruhigende Entwicklung eingesetzt. Die Wirtschaftsstruktur ist durch ihre starke industrielle Prägung zusammen mit der Isolation des Gebietes nicht sehr effizient. Es fehlt an Handelsbeziehungen zum Ausland, dieses erkennt man am Warenumschlag des Hafens und an den geringen Direktinvestitionen ausländischer Unternehmen. Das gestörte Verhältnis zum Ausland ist auch in der Außenpolitik zu beobachten. Das Verhältnis zur EU ist durch die Sanktionen so angespannt wie seit langem nicht mehr und es wird deutlich, dass hier zwei vollkommen unterschiedliche politische Systeme aufeinandertreffen (siehe Schengen-Abkommen). Leidtragende dieser Politik ist die Bevölkerung, die zunehmend mit Armut, der Isolation der Region und kulturellen Problemen zu kämpfen hat, wodurch sich schließlich ein „sozialpolitisch-instabiles Klima" ergibt. Es hat sich bestätigt, dass Kaliningrad als Problemregion Russlands bezeichnet werden kann. Die schwierigen Verhältnisse sind jedoch nicht „den [...] dort lebenden Menschen anzulasten"[69], sondern zum Großteil der russischen Regierung, die viel zu wenig in die Entwicklung der Region investiert. So liegen die „zentralen Investitionen in der Entwicklung [...] nur bei 34% des russischen Niveaus".[70] Dadurch ergibt sich eine verstärkte Unzufriedenheit gegenüber der russischen Regierung. Diese wurde in der Vergangenheit durch vermehrte Proteste geäußert, wie z.B. 2010, als 12.000 Menschen auf die Straße gingen, um den Rücktritt des Präsidenten Wladimir Putin zu fordern.[71] Die russische Innenpolitik ist mittlerweile in Zugzwang geraten, da im Kaliningrader Gebiet ein „potenzieller Sezessionskonflikt [entsteht], der ökonomisch und politisch bedingt [ist]".[72]

---

[69] Kluge, Ein schicklicher Platz, S. 211.
[70] Müller-Herrmann, Kaliningrad unter europäischen Perspektiven, S. 73.
[71] vgl. Windisch, Elke: Vom Protest kalt erwischt. In: www.tagesspiegel.de/politik/international/ Russland-vom-protest-kalt-erwischt/1675380.html [Abfrage: 20.02.2016].
[72] Birkenbach, Spiegel der Forschung, S. 33.

Diese Entwicklung wird durch den Exklavenstatus begünstigt, da sich die Region mitten in der EU befindet. Es ist nachzuvollziehen, dass sich die Menschen in Kaliningrad mit ihren direkten Nachbarn, die mit EU-Fördermitteln ausgestattet werden, vergleichen. Mittlerweile erscheint vielen Kaliningradern eine „Distanzierung oder gar Loslösung von Russland attraktiver als ein Verbleib in der Föderation".[73] Dementsprechend ist eine zunehmende Entfremdung vom Gebiet zu erkennen. Viele junge Leute nennen nun ihre Stadt abfällig „Kenig"[74] und lehnen den Namen Kaliningrad ab und damit auch die Stadt als russisches „Symbol des Sieges". Es wird sich zunehmend mit der preußischen Geschichte der Stadt, die jahrelang tabu war, beschäftigt. Die Bevölkerung scheint sich verstärkt von Russland zu entfernen und strebt nach neuer Kultur und Identität. Hieraus ergibt sich die theoretische Gefahr einer Unabhängigkeitsbewegung wie im Baltikum 1990, auch wenn dieses noch als sehr unwahrscheinlich gilt. Aufgrund der kritischen Entwicklung versucht die Föderation, die russische Identität durch den Bau einer großen russisch-orthodoxen Kathedrale im Zentrum der Stadt zu festigen, die nun die zweitgrößte Kirche Russlands ist. Außerdem versucht die Föderation die Verbindung zum Festland durch Feriencamps zu stärken. Die Umbenennung der Universität nach Immanuel Kant lässt sichtbar werden[75], dass Russland der Bevölkerung nun schließlich die Chance gibt, sich mit der deutschen Vergangenheit auseinanderzusetzen. Diese Maßnahmen von russischer Seite zeigen, dass sich die Regierung der Gefahr einer „Erosion von innen"[76] bewusst geworden ist. Die Russische Föderation muss sich, aufgrund der Exklavenlage, mit seiner Kaliningrad-Politik mehr auf westeuropäische Normen einstellen und der Bevölkerung mehr Recht auf politische Mitbestimmung geben. Die Region muss wieder als ein Lebensraum betrachtet

werden, der vorwiegend für das Wohl der Menschen sorgt. Auch die EU ist gefordert und muss mehr mit der russischen Regierung kooperieren, die bereit ist, das Problem in Kaliningrad zu lösen, um die Isolation der Region zu beenden. Dies ist dringend notwendig für die Russische Föderation, um schließlich nicht die Kontrolle über das Gebiet zu verlieren.

---

[73] Ebd., S. 33.
[74] Schaefer, Leben in bewegter Zeit, S. 69. (Kenig= ostpr. für Königsberg)
[75] vgl. Birkenbach, Spiegel der Forschung, S. 36.
[76] Ebd., S. 33.

2.1: Geographische Lage Kaliningrads

Quelle: Laufer, Zoran: Landkarte Kaliningrad.
In: https://www.stepmap.de/landkarte/kaliningrad-groesse-1527411
[Abfrage:25.02.2016].

2.3: Propaganda in der Stadt

„Ehre und Ruhm", „starkes Russland, einheitliches Russland".

Quelle: Sologubov, Andrei: Spiegel der Forschung.
In: http://geb.uni-giessen.de/geb/volltexte/2007/3987/pdf/SdF-2006-S_32-40.pdf
[Abfrage: 25.02.2016].

Quelle: Sologubov, Andrei: Spiegel der Forschung.
In: http://geb.uni-giessen.de/geb/volltexte/2007/3987/pdf/SdF-2006-S_32-40.pdf
[Abfrage: 25.02.2016].

3.1: Erwerbsstruktur der Kaliningrader Region

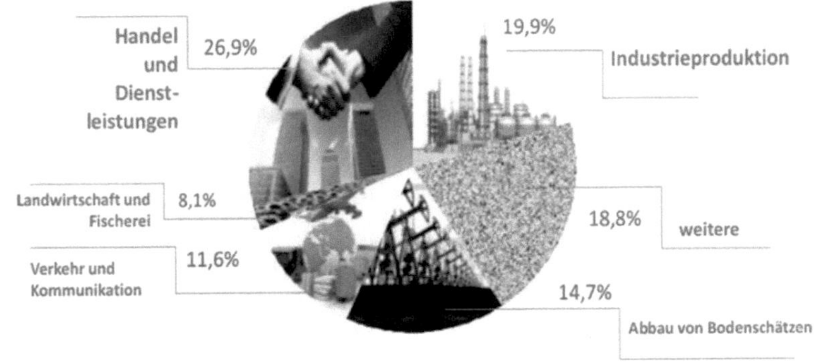

Quelle: o.A.: Wirtschaftsförderung Kaliningrader Gebiet.
In: http://kgd-rdc.ru/de/corporation/ [Abfrage: 25.02.2016].

7 Literatur- und Quellenverzeichnis

Bednarz, Klaus, Fernes nahes Land. Begegnungen in Ostpreußen, Hamburg[5] 1995, S. 232.

Birkenbach, Hanne-Margret: Kaliningrad eine europäische Pilotregion? Die Perspektive der Friedens- und Konfliktforschung. In: Spiegel der Forschung1/2, November, 2006, S. 32.

Birkenbach, Dr. Hanne Magret:"Pilotregion Kaliningrad". Prozessbegleitende Präventions-forschung. In: https://www.uni-giessen.de/fbz/fb03/institute/ifp/personen//birkenbach/hmb_pk [Abfrage: 08.02.2016].

Brodersen, Per, Die Stadt im Westen. Wie Königsberg Kaliningrad wurde, Göttingen 2008,S.93.

Doll, Nikolaus, Steiner, Eduard: Kaliningrad. Hier treffen die Sanktionen die Russen mit Wucht. In: www.welt.de/wirtschaft/article 143375422/Hier-treffen-die-Sanktionen-die-Russen-mit-Wucht.html. [Abfrage: 11.02.2016].

Gilmanov, Wladimir, Königsberg-Kaliningrad. Erinnerungen und Erkundungen, Witten 1993,S.9.

Hoppe, Bert, Auf den Trümmern von Königsberg. Kaliningrad 1946-1970, Band 80, München 2000, S. 19.

Kluge, Friedemann (Hrsg.): Ein schicklicher Platz? Königsberg, Kaliningrad in der Sicht von Be-wohnern und Nachbarn, Osnabrück 1994, S. 185.

Knape, Wolfgang, Korall, Wolfgang, Königsberg. Würzburg 1994, S. 72-77.

Küchmeister, Susanne: Kaliningrad/Königsberg. Daten zur Wirtschaft und Politik (2013). In: https://www.hk24.de/&international/laenderinformationen/europa/russland/ kalinbericht/1166956 [Abfrage: 11.02.2016].

Leister, Judith: Stadt in Bernstein. In: wwwnzz.ch/feuilleton/stadt-in-bernstein-1.1863213 [Abfrage: 18.02.2016].

Löchel, Christian (Hrsg.): Der neue Fischer Weltalmanach 2016. Schwerpunkt Flüchtlinge, Frankfurt am Main 2015, S. 369.

Matthes Eckhard (Hrsg.): Als Russe in Ostpreußen. Sowjetische Umsiedler über ihren Neube-ginn in Königsberg/Kaliningrad nach 1945, Ostfildern 1999, S. 306.

Mijnssen, Ivo: Kaliningrad. Kühle Nachbarschaft im Baltikum. In: www.nzz.ch/international/ eu-ropa/zwischen-depeche-mode-und-nordkorea-1.18449728[Abfrage: 13.02.2016].

Mrozek, Gisbert: Bisher hat Kaliningrad seine wirtschaftlichen Chancen nicht genutzt. In: www.kaliningrad.aktuell.ru/kaliningrad/lexikon/wirtschaft/bisher_hat_kaliningrad_ seine_wirt-schaftlichen_chancen_nicht_genutzt_1.html.[Abfrage: 11.02.2016].

Mrozek, Gisbert: Kaliningrad ist eine Insel, deren Kurs Moskau bestimmt. In: www.kaliningrad.aktuell.ru./kaliningrad/lexikon/politik/ [Abfrage: 12.02.2016].

Mrozek, Gisbert: Kein Verständnis für HIV und AIDS. In: www.kaliningrad.aktuell.ru/ kaliningrad/im_gebiet_/kein_verstaendnis_fuer_hiv_und_aids_13.html [Abfrage: 18.02.2016].

Mrozek, Gisbert: Königsberg. Ordensburg, Hansestadt, Kantstadt. In: www.kaliningrad.aktuell.ru/kaliningrad/lexikon/koenigsberg/ [Abfrage: 07.02.2016].

Müller-Hermann, Dr. Ernst (Hrsg.): Königsberg/Kaliningrad unter europäischen Perspektiven. Bremen 1994, S. 13.

o.A.: Kaliningrad erstmals mit schwachem sozial-politischen Klima. In: kaliningrad-domizil.ru/portal/information/politik-und-gesellschaft/Kaliningrad-erstmals-region-mit-schwachem-sozialen-Klima [Abfrage: 18.02.2016].

o.A.: Kaliningrad. Russlands abgetrennter Arm zur Ostsee. In: https//blogovary.wordpress.com/2015/05/24/kaliningrad-russlands-abgetrennter-arm-zur-Ostsee [Abfrage 17.02.2016].

o.A.: 9. Mai. Siegeszug im zweiten Weltkrieg. In:www.russlandjournal.de/russland/ feiertage/siegestage/ [Abfrage: 07.02.2016].

o.A.: Wirtschaftsförderung Kaliningrader Gebiet.In: http://kgd-rdc.ru/de/corporation/ [Abfrage:11.02.2016].

Ramm, Dr. Bernd: Kaliningrader Gebiet. Bevölkerung und Städte. In: www.goruma.de/ Laender/Europa/KaliningraderGebiet/Bevoelkerung/ [Abfrage:13.02.2016].

Schaefer, Hans-Joachim, Leben in bewegter Zeit. o.O., o.J., S. 67.

Schroff, Gabi:Kaliningrad/Königsberg.Eine russische Exklave. In: home.arcor.de/ gabi:schroff/kaliningrad.pdf [Abfrage: 08.02.2016].

Schwandt, Dr. Friedrich: Europäische Union. Bruttoinlandsprodukt (BIP) pro-Kopf in den Mitgliedstaaten in jeweiligen Preisen im Jahr 2013. In: de.statista.com/statistik/daten/studie/188766/umfrage/bruttoinlandsprodukt-bip-pro-kopf-in-den-eu-laendern/ [Abfrage: 13.02.2016].

Strecker, Bernd: Kaliningrader Gebiet. Geografie. In: www.kaliningrad.de/geografie/ [Abfrage: 08.02.2016].

Wemke, Dr. Mathias (Vorsitzender des Wissenschaftlichen Rates der Dudenredaktion): Duden. Die deutsche Rechtschreibung, Band 1, Mannheim[25] 2009, S. 417.

Windisch, Elke: Vom Protest kalt erwischt. In: www.tagesspiegel.de/politik/international/ Russland-vom-protest-kalt-erwischt/1675380.html [Abfrage: 20.02.2016].

Bildquellen

Laufer, Zoran: Landkarte Kaliningrad.
In: https://www.stepmap.de/landkarte/kaliningrad-groesse-1527411
[Abfrage:25.02.2016].

o.A.: Wirtschaftsförderung Kaliningrader Gebiet.
In: http://kgd-rdc.ru/de/corporation/ [Abfrage: 25.02.2016].

Sologubov, Andrei: Spiegel der Forschung.
In: http://geb.uni-giessen.de/geb/volltexte/2007/3987/pdf/SdF-2006-S_32-40.pdf
[Abfrage: 25.02.2016].

BEI GRIN MACHT SICH IHR WISSEN BEZAHLT

- Wir veröffentlichen Ihre Hausarbeit,
  Bachelor- und Masterarbeit

- Ihr eigenes eBook und Buch -
  weltweit in allen wichtigen Shops

- Verdienen Sie an jedem Verkauf

Jetzt bei www.GRIN.com hochladen
und kostenlos publizieren